Der Werdegang der Entdeckungen und Erfindungen

Unter Berücksichtigung
der Sammlungen des Deutschen Museums und
ähnlicher wissenschaftlich = technischer Anstalten

herausgegeben von

Friedrich Dannemann

1. Heft:

Die Anfänge der experimentellen Forschung und ihre Ausbreitung

München und Berlin 1922
Druck und Verlag von R. Oldenbourg

Die Anfänge der experimentellen Forschung und ihre Ausbreitung

Von

Friedrich Dannemann

Wissenschaftlicher Mitarbeiter des Deutschen Museums

Mit 13 Abbildungen im Text

München und Berlin 1922
Druck und Verlag von R. Oldenbourg

Die Geschichte der Wissenschaften ist im Grunde genommen die Wissenschaft selbst, sagt Goethe in der Einleitung zu seiner Farbenlehre. Dies Wort gilt besonders für die Schilderung, welche das hier vorliegende Heft bietet. Es handelt vom Zeitalter Galileis, dem Wiederaufleben der Naturwissenschaft zu Beginn des 17. Jahrhunderts und in seinem weiteren Verlaufe. Es ändert sich das Bild gegenüber den vorhergehenden Perioden. Alles, was uns hier begegnet, ist nicht, womit es mancher abtun möchte, Veraltetes, längst Überwundenes. Es sind vielmehr die sicheren Grundlagen, die Pfeiler, auf denen das Gebäude der heutigen Naturwissenschaft ruht, möge sie sich auch in noch so luftige, den Laien allerdings oft mehr bestechende Spekulationen verlieren.

Aber nicht nur an sich ist die Beschäftigung mit diesen Grundlagen wichtig, sondern auch, weil sie zur Kritik, zu eigenem Urteil erzieht und weil eindringendes Verständnis sich nur durch sie gewinnen läßt, und tiefere Anteilnahme wiederum nur daraus erwachsen kann.

Noch wertvoller wird diese Beschäftigung wenn man sich nicht nur durch das Lesen von Büchern über die Grundlagen alles Wissens unterrichtet, sondern sie auf demselben Wege nachprüft, auf dem sie gewonnen wurden, d. h. durch die Wiederholung der von den großen Pfadfindern angestellten Versuche. Die Vertiefung in die Geschichte der Naturwissenschaften wird dann zu einem unvergeßlichen Erlebnis, zumal wenn man über die eigenen Experimente nachdenkt und dadurch zu neuen Fragestellungen und Versuchen geführt wird. Die Hilfsmittel, deren sich die großen Entdecker und Erfinder bedienten, sind in den geschilderten und auch in späteren Zeitaltern meist so einfach gewesen, daß sich jedermann das dazu erforderliche Rüstzeug beschaffen kann.

Unter experimenteller Forschung versteht man das Verfahren, über die Vorgänge in der Natur dadurch zur Klarheit zu gelangen, daß man sich nicht mit der Beobachtung und dem Nachdenken darüber begnügt, wie es die Alten meist getan haben, sondern daß man die Natur selbst durch die Anstellung von Versuchen befragt. Letztere bestehen darin, daß wir die Bedingungen der Vorgänge abändern, sie messend verfolgen, sie mit anderen, uns besser bekannten Vorgängen in Verbindung bringen, über die oft ganz unerwarteten, von unserer gewöhnlichen Erfahrung mitunter weitab liegenden Ergebnisse nachdenken, die Fragestellung danach ändern und so auf zwar mühsamem, indes allein Erfolg verheißendem Wege in den Zusammenhang der Erscheinungen eindringen. Darauf, ihre letzten Gründe zu erfahren, verzichtet die wahre Naturforschung. Auch die Philosophie, die sich diese Aufgabe setzte, ist ihrer Lösung nicht nähergekommen. Sie hat zu den Problemen, die über die Grenzen der Naturwissenschaft hinausliegen, nur Stellung nehmen können. Wo das Erkennen und das Wissen aufhören, fängt der Glaube an. Das bloße Glauben, das Schwören auf die Worte eines Meisters, hat die Wissenschaft im Altertum und Mittelalter stark beeinflußt. Durch fast zwei Jahrtausende galt Aristoteles als unanfechtbare Autorität. Eine Behauptung, selbst eine offenbare Beobachtung, die seinen Lehren widersprach, fand keine Anerkennung. Auch der starre Wortglaube an die Lehren der Bibel hat die Entwicklung der Naturwissenschaften gehemmt.

Erst im 17. Jahrhundert begann die Befreiung von den Fesseln der mittelalterlichen Denkweise. Diese Befreiung erfolgte langsam. Die großen Forscher, denen wir sie verdanken, hatten ferner auch ihre Vorläufer. Indessen kam erst seit dem 17. Jahrhundert das Bewußtsein allgemeiner zum Durchbruch, daß der alte Weg nicht zum Ziele führe, und daß Beobachtungen und Versuche das Entscheidende seien. Zu dieser Ansicht bekannten sich damals auch Philosophen. Unter ihnen ist vor allem der Engländer Francis Bacon zu nennen. Er ist indessen mehr der Verkünder einer neuen Zeit und nicht etwa der Begründer der experimentellen Forschungsweise, deren Hauptvertreter von Bacon nicht einmal gewürdigt wurden. Unter diesen sind vor allem der Italiener Galilei, der Engländer Gilbert und der Deutsche Otto von Guericke zu nennen. Einiges über ihre Persönlichkeit, vor allem aber ihr Wirken und dessen Bedeutung kennenzulernen, ist die Aufgabe dieser Darstellung.

Ein jeder, auch der Größte, ist in hohem Maße ein Kind seiner Zeit. Hätten Galilei und Guericke 2000 Jahre früher gelebt, so würde das für den Entwicklungsgang der Wissenschaft schwerlich von Bedeutung gewesen sein. Wir werden daher, wenn auch nur in aller Kürze, hier wie auch später die großen Schöpfer der Naturwissenschaften und der Technik aus ihrer Zeit heraus zu verstehen suchen.

Auf dem Boden Italiens hatte die Renaissance, die Wiedergeburt der Antike, eingesetzt. Dort erwuchsen zu Beginn jenes Zeitalters die unvergänglichen Dichtungen Dantes und Petrarkas und entfaltete sich die Kunst eines Lionardo da Vinci, Raphael und Michelangelo. Ganz entsprechend wie im alten Griechenland folgte auf die Blütezeit der Kunst das Aufleben des wissenschaftlichen Geistes. An demselben Tage, an dem Michelangelo seine Augen für immer schloß, erblickte Galilei das Licht der Welt. Die Natur, sagt ein Geschichtsschreiber des Renaissancezeitalters, schien damit andeuten zu wollen, daß die Kunst das Szepter an die Wissenschaft abgetreten habe.

Galilei und seine grundlegenden Schöpfungen.

Galilei wurde 1564 in dem einst so glänzenden Pisa geboren. Sein Vater besaß eine große Vorliebe für Mathematik. Er schrieb auch über Musik. Und es ist bezeichnend, daß er sich schon gegen die Berufung auf Autoritäten aussprach, in deren Bekämpfung der Sohn später seine Aufgabe erblickte. Das beharrliche Verfechten der eigenen Meinung den vorherrschenden aristotelischen Lehren gegenüber, trug Galilei in Pisa, wo er als 25jähriger Mann die Lehrkanzel bestieg, den Beinamen des Zänkers ein.

Zuerst wandte sich Galilei gegen die aristotelische Lehre, daß die Fallbewegung wesentlich vom Gewicht des Körpers abhänge. Er ließ Holz, Marmor und Blei aus bedeutender Höhe herabfallen. Die Körper kamen fast gleichzeitig am Boden an. Selbst als er bei einem Versuche eine halbpfündige eiserne Kugel und eine zentnerschwere Bombe von einem Turm herabfallen ließ, machte sich kaum ein Unterschied bemerkbar. Den letzteren führte Galilei auf den Widerstand der Luft zurück, den er noch nicht zu beseitigen vermochte. In richtiger Vorahnung des

späteren Nachweises durch Guericke bemerkt er, daß alle
Körper gleich schnell fallen würden, wenn man die Luft beseitigen könne.

Daß die Geschwindigkeit beim freien Fall rasch zunimmt,
lehrte Galilei der Augenschein. Ob diese Zunahme in einem
bestimmten Verhältnis zur abgelaufenen Zeit steht, konnte
wiederum nur der Versuch zeigen. Es galt also, wie eingangs
erwähnt, die Bedingungen abzuändern. Galilei verlangsamte

Abb. 1. Galilei.

daher die Fallbewegung, indem er sie über eine schiefe Ebene
vor sich gehen ließ. Dadurch wurde die in jeder Sekunde durch-
laufene Strecke für ihn meßbar. Über das Ergebnis hat uns
Galilei folgendes berichtet: In einem Brett von 4 Ellen Länge
wurde eine Rinne hergestellt. Sie wurde mit sehr glattem Per-
gament ausgekleidet. Das Brett wurde darauf an einem Ende
bald mehr, bald weniger gehoben. Sodann ließ Galilei eine sehr
glatt polierte Messingkugel durch die Rinne laufen. Angenommen,
daß dies zwei Sekunden erforderte, so durchlief die Kugel in einer
Sekunde nicht etwa die Hälfte, sondern nur ein Viertel der Rinne.
Die durchlaufenen Strecken verhielten sich somit für die 1. und die
2. Sekunde wie 1 : 3. Durch weitere Versuche zeigte Galilei,
daß ganz allgemein die in den einzelnen Sekunden 1, 2, 3, 4 . . .

durchlaufenen Strecken sich wie die ungeraden Zahlen 1, 3, 5, 7 . . . verhalten.

Zum Messen der Fallzeiten konnte Galilei sich noch nicht der Pendeluhr bedienen. Er benutzte folgende Einrichtung: Ein größeres Gefäß war mit Wasser gefüllt und besaß eine kleine Öffnung am Boden, durch die sich ein feiner Strahl ergoß. Die verflossene Zeit wurde für jede Beobachtung durch Wägen der unterdessen von einem kleineren Gefäße aufgefangenen Wassermenge festgestellt. Die Einrichtung war eine der schon im Altertum erfundenen und während des Mittelalters besonders von den Arabern verbesserten Wasseruhren.

Ein anderer Punkt, an dem die neuere Naturforschung einsetzte, war die Lehre von den vier Elementen (Feuer, Wasser, Luft und Erde), aus denen sich nach Aristoteles unser Planet zusammensetzen sollte. Hieraus und durch eine Reihe von Begriffen wie natürliche, geradlinige, kreisförmige, erzwungene Bewegung, Leichtigkeit, Schwere usw. glaubte man die Welt erklären zu können. Die geradlinige Bewegung wurde aus einem entweder zum Erdmittelpunkt hin oder vom Zentrum fortgerichteten Streben abgeleitet und so die Begriffe Leichtigkeit und Schwere gebildet. Die letztere Eigenschaft wurde dem Wasser und der Erde, die erstere dem Feuer und der Luft zugeschrieben. Diese Art, die Natur aus Begriffen oder Ideen zu erklären, war in erster Linie das Hindernis, das der Entwicklung der Naturwissenschaften im Altertum und Mittelalter im Wege stand. Erst als diese Schranken fielen, war die Bahn für das einzig richtige, für das experimentelle Verfahren frei geworden. Ein Versuch, mit dem Galilei z. B. den aristotelischen Begriff der »Leichtigkeit" hinwegräumte, war der folgende: Er nahm einen Glaskolben und preßte mittels einer Spritze Luft hinein. Dann wurde der Kolben auf einer genauen Wage ins Gleichgewicht gebracht. Öffnete man ihn jetzt, so trat die zusammengepreßte Luft heraus, und das Gefäß wurde merklich leichter, so daß von der Tara etwas fortgenommen werden mußte, um das Gleichgewicht wieder herzustellen. „Unzweifelhaft ist das Gewicht des Fortgenommenen," sagt Galilei, „genau gleich dem der Luft, die gewaltsam hineingepreßt war."

Hatte man einmal die Luft als einen schweren Körper erkannt, so lag die Frage nahe, wie groß ihr Gewicht im Verhältnis zu demjenigen anderer Stoffe, z. B. des Wassers, sei. Auch diese Aufgabe, das spezifische Gewicht der Luft zu bestimmen, löste

Galilei durch den Versuch. Er preßte Wasser in einen mit Luft gefüllten Kolben, bis er zu drei Viertel seines Inhalts mit Wasser angefüllt war, ohne daß die Luft entweichen konnte. Das Gewicht dieses Gefäßes mit seinem Inhalt wurde bestimmt. Darauf wurde eine die zusammengepreßte Luft abschließende Haut durchstochen, um diejenige Luftmenge, die vorher drei Viertel des Kolbens eingenommen hatte, entweichen zu lassen. Galilei wog jetzt wieder und fand einen dem Gewichte jener Luftmenge entsprechenden Unterschied. War diese Bestimmung bei den damaligen Hilfsmitteln und den der Methode anhaftenden Unvollkommenheiten auch keine genaue, so ergab sich doch, daß die Luft sehr viel leichter als das Wasser ist. Nach Galileis Wägung war sie 400 mal so leicht wie Wasser, während sie tatsächlich 770 mal so leicht ist. Die geschilderten Experimente Galileis stellen eine der ersten, bis zur Auffindung des Naturgesetzes durchgeführten Versuchsreihen dar[1]).

Von den drei wichtigsten Bewegungen, dem Fall, der Pendel- und der Wurfbewegung, wußte man im Altertum und Mittelalter nicht viel mehr, als die oberflächliche Beobachtung lehrt. Und ohne die Anwendung der experimentellen Forschungsweise, etwa durch bloße Überlegung, würde man in dieses Gebiet der Mechanik, das man auch wohl als Dynamik bezeichnet, nicht tiefer eingedrungen sein. Indem Galilei die beiden anderen Bewegungsarten nach denselben Grundsätzen untersuchte, die ihn bei der Erforschung der Fallbewegung geleitet hatten, schuf er die Grundlagen für die Dynamik. Mit Recht durfte er daher in seinem Hauptwerk von einem ganz neuen Wissenszweige reden, durch den die Bahn zu einer sehr weiten, außerordentlich wichtigen Wissenschaft geebnet werde. Die vor ihm liegenden Jahrhunderte waren über das Gebiet der Statik, d. h. der Mechanik ruhender oder im Gleichgewicht befindlicher Körper, kaum hinausgekommen. Als den Schöpfer der Statik lernten wir Archimedes und als ihre wichtigsten Gesetze das Hebelgesetz, sowie das archimedische Prinzip kennen. Archimedes gehörte zu den wenigen Männern, die sich schon im Altertum der experimentellen Forschungsweise bedienten. Er hat sie auch, da er zum Messen und Vergleichen von Größen gelangte, mit der Mathematik verknüpft und dadurch der neueren Forschung vorgearbeitet. Das Bekanntwerden mit den Werken dieses größten

---

[1]) Nachbildungen der von Galilei hierbei benutzten Apparate finden sich in dem der Geschichte der Mechanik gewidmeten Saale (Nr. 18) des Deutschen Museums.

unter den Physikern und Mathematikern des Altertums hat zum Wiederaufleben des wissenschaftlichen Geistes nach dem langen Stillstand im Mittelalter beigetragen. Auch Galilei empfing, besonders in der Zeit seines Heranreifens, durch das Studium der Werke des Archimedes manche Anregung.

Auf die Untersuchung der Pendelbewegung soll Galilei dadurch gekommen sein, daß er die an einer langen Kette hängende und durch den Luftzug in Schwingungen versetzte Lampe im Dome seiner Vaterstadt beobachtete. Da ihm an diesem Orte keine Wasseruhr zur Verfügung stand, soll er seine Pulsschläge gezählt und auf diese Weise die Isochronie entdeckt haben, d. h. die Tatsache, daß Schwingungen von größerem und kleinerem Ausschlag bei unveränderter Länge des Pendels dieselbe Zeit beanspruchen.

Daß die Schwingungszeit auch von dem Gewicht nicht wesentlich beeinflußt wird, fand er auf folgende Weise: Er hing eine Kork- und eine Bleikugel an zwei gleich langen, feinen Fäden von 4 bis 5 Ellen Länge nebeneinander auf. Dann entfernte er sie aus der Ruhelage und ließ sie zur selben Zeit los. Nachdem die Kugeln sehr oft hin und her gegangen waren, zeigte sich, daß die Bewegung des schwereren Pendels so sehr mit derjenigen des leichteren übereinstimmte, daß kaum eine Verschiedenheit zu bemerken war. Auch hier ließ sich, wie bei der Fallbewegung, schließen, daß sich im luftleeren Raume gar kein Unterschied bemerkbar machen würde.

Darauf dehnte Galilei seine Versuche auf Pendel von verschiedener Länge aus. Er fand, daß ein Pendel zu einer Schwingung die doppelte Zeit gebraucht, wenn man es auf das Vierfache verlängert, während der neunfachen Länge eine dreimal so große Schwingungszeit entspricht. Mathematisch ausgedrückt, lautet dieses, von Galilei gefundene Gesetz, das an Wichtigkeit dem Fallgesetz an die Seite gestellt werden muß: Die Pendellängen verhalten sich wie die Quadrate der entsprechenden Schwingungszeiten.

Die Untersuchung der Pendelbewegung mußte schon Galilei auf den Gedanken bringen, das Pendel zum Messen der Zeit zu verwenden. Im Altertum sowie im Mittelalter hatte man sich zu diesem Zwecke der Sonnen- und der Wasseruhren bedient. Eine solche benutzte, wie wir erfuhren, Galilei bei der Untersuchung der Fallbewegung, weil ihm noch kein anderes Mittel zu Gebote stand. Seit dem 11. Jahrhundert etwa kamen zwar

Räderuhren mit Gewichten auf. Ihr Gang war aber so ungenau, daß ein Wärter ihn überwachen und nach der Sonne und den Sternen regeln mußte.

Galilei ersann folgenden, durch Abb. 2 wiedergegebenen Apparat. Er befestigte an dem Pendel AB eine starke Borste C. Diese griff in eine Lücke des Zahnrades D ein, das sich auf der Achse F befand. Es ist ersichtlich, daß die Borste bei jedem Hin- und Hergehen des Pendels dem Rädchen eine Drehung um einen Zahn erteilte. Diese Drehung ließ sich auf ein Zählwerk übertragen. Nur bedurfte das Pendel, damit es nicht schließlich stillstand, von Zeit zu Zeit eines Anstoßes. Diesen durch eine mechanisch wirkende Einrichtung zu ersetzen, gelang erst Huygens, der auf seine Erfindung im Jahre 1667 ein Patent nahm.

Huygens war auch derjenige, der die Theorie des Pendels im Anschluß an Galileis grundlegende Untersuchungen ganz besonders förderte. Galilei war nämlich über die Untersuchung des einfachen Pendels, d. h. eines materiellen Punktes, der an einem gewichtslosen Faden schwingt, nicht hinausgelangt. In den Uhren werden indes größere Körper an einem Gestänge in Schwingungen versetzt. Und es erhob sich die Frage, nach welchen Gesetzen ein derartiges, zusammengesetztes Pendel schwingt. An diesem Punkte mußte der experimentelle Weg verlassen werden und das deduktive, die Hilfe der Mathematik in Anspruch nehmende Verfahren einsetzen. So bemühten sich denn um die Mitte des 17. Jahrhunderts alle großen Mathematiker, das Problem vom zusammengesetzten Pendel zu lösen. Huygens hatte sich, erst 17 Jahre alt, an diesem Wettbewerb beteiligt. Die Lösung brachte indessen erst sein Werk über die Penduhr, das er zehn Jahre später herausgab, ein Werk, das an Bedeutung demjenigen von Galilei an die Seite gestellt werden muß. Es wird selbst kaum von demjenigen Newtons übertroffen, der fast zur selben Zeit, als Huygens die Penduhr erfand, gleichfalls, anknüpfend an Galileis Untersuchungen, das Weltgesetz entdeckte, nach dem sich die Bewegung der Himmelskörper regelt.

Sehr wichtig war es auch, die Fallzeit für die erste Sekunde, sowie die Länge des Sekundenpendels mit möglichster Genauigkeit

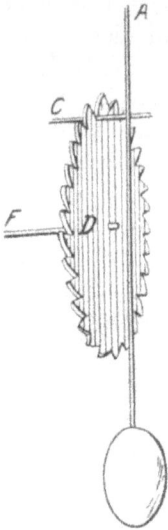

Abb. 2. Galileis Uhr.

zu ermitteln. Auch die Lösung dieser Aufgabe blieb Huygens vorbehalten. Er bestimmte die Fallzeit für die erste Sekunde zu 30,16 Pariser Fuß[1]) und die Länge des Sekundenpendels zu 3,05 Fuß. Galileis Sätze von der Pendelbewegung erweiterten sich durch Huygens auch zur Untersuchung der Zentralbewegung. Bei dieser beschreibt der Körper einen vollen Kreis, während das Pendel nur einen Kreisbogen zurücklegt. Ein bekanntes Beispiel ist die Bewegung des Steines in der Schleuder. Doch soll auf sämtliche Erweiterungen erst in späteren Heften näher eingegangen werden. Hier galt es nur zu zeigen, wie in den Anfängen der experimentellen Forschung der Keim zu immer weiter führenden Untersuchungen und Erfindungen vorhanden war.

Weit schwieriger als die Untersuchung der Fall- und der Pendelbewegung gestaltete sich diejenige des Wurfes, über den die bloße Spekulation bis zu Galileis Auftreten zu den ungereimtesten Ansichten gelangt war. Um die Wurfbewegung zu analysieren, bedurfte es der Aufstellung von zwei neuen Prinzipien, die von Galilei scharf erfaßt und in die Mechanik eingeführt wurden. Das eine ist das Trägheitsprinzip. Nach dem Prinzip der Trägheit oder des Beharrungsvermögens wird ein Körper, wenn alle Widerstände ausgeschlossen sind und keine Kraft auf ihn einwirkt, sich unbegrenzt geradlinig und gleichförmig fortbewegen, bzw. im Ruhezustande beharren. Wird dann, so lautet das zweite Prinzip, der in Bewegung begriffene Körper einer Kraft unterworfen, so setzt sich die neue Bewegung, die aus der Wirkung dieser Kraft hervorgeht, mit der ersten, schon bestehenden, zusammen.

Wie Galilei aus diesen Prinzipien die Bahn eines geworfenen Körpers ableitete, ersehen wir aus der obigen, von ihm herrührenden Zeichnung. Der Körper bewege sich gleichförmig auf einer horizontalen Ebene $A B$ (Abb. 3). Am Ende B der Ebene fehlt die Stütze, und der Körper unterliegt infolge der Schwerkraft einer Bewegung längs der Senkrechten $B N$. Beide Bewegungen setzen sich

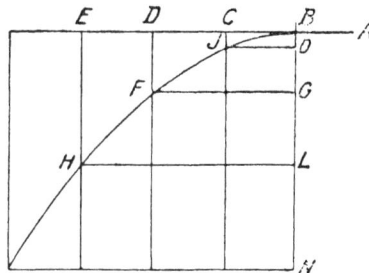

Abb. 3. Die Wurfkurve.

---

[1]) Ein Pariser Fuß beläuft sich auf 0,325 Meter.

zu einer einzigen zusammen. Während der Körper durch die gleich-
förmige Bewegung von *B* nach *C* gelangt, legt er infolge der
Schwerkraft das Stück *C J* zurück. Treibt ihn das Beharrungsvermögen bis *D*, so ist er unterdessen bis *F* gefallen. Durch die
mathematische Untersuchung wies Galilei dann zum ersten Male
nach, daß die Punkte *B, J, F, H* usw. einer seit dem Altertume
bekannten Linie, der Parabel nämlich, angehören.

Daß auch in diesem Falle der Luftwiderstand den Vorgang
beeinflußt, entging Galilei keineswegs. Es galt aber, zunächst die
Bewegungsvorgänge in ihrer Reinheit, d. h. losgelöst von Neben-
umständen zu erfassen. So wies Galilei darauf hin, daß die
Wurfkurve schon deshalb keine genaue Parabel sein könne, weil
die Richtung der Schwerkraft sich nicht gleich bleibt, sondern
sämtliche Lote nach dem Erdmittelpunkt gerichtet sind.
Bei weiten Würfen, aus Geschützen z. B., müsse dieser Umstand
die Form der Kurve, ganz abgesehen von dem Widerstand der
Luft, merklich beeinflussen. Hiermit war schon im Keime das
Problem der Zentralbewegung gegeben, deren Gesetze erst durch
Newton und durch Huygens, wie wir später erfahren werden,
ermittelt wurden.

Nicht nur für die Mechanik, sondern auch für die übrigen
Gebiete der Physik, so für die Lehre vom Schall, diejenigen vom
Licht und von der Wärme, hat Galilei wichtige Grundlagen geschaffen. Wie manche Betrachtungen, die fast immer nur auf
leere Worte hinausliefen, hatte man seit dem Altertum über das
Wesen und die Geschwindigkeit des Lichtes angestellt! Sehen wir
zu, wie Galilei dieses Problem mit Hilfe des Experiments in
Angriff nahm! Zwei Personen, wurden, mit Blendlaternen aus-
gerüstet, auf kurze Entfernung einander gegenübergestellt. Jede
hatte dann ihr Licht wiederholt aufzudecken, und sofort
wieder abzublenden. Das kurze Aufdecken erfolgte jedesmal,
wenn der eine Beobachter das Licht des anderen Beobachters
erblickte. Darauf wurde der Abstand zwischen beiden Personen
auf eine Meile vergrößert und das Experiment wiederholt. Wäre
dann die Beantwortung der Signale in einem langsameren Tempo
erfolgt, so hätte man daraus auf die Zeit, die das Licht zu seiner
Fortpflanzung gebraucht, schließen können. Die Entfernung
war indessen zu gering, und der Wechsel erfolgte nicht rasch und
nicht gleichmäßig genug. Infolgedessen verlief der Versuch ohne
Ergebnis. Galilei hatte jedoch den richtigen Weg eingeschlagen
Man brauchte nur das Hin- und Hersenden der Lichtsignale durch

eine selbsttätige Vorrichtung zu regeln und erheblich rascher vor sich gehen zu lassen, um das erwartete Ergebnis, daß nämlich das Licht zu seiner Fortpflanzung in der Tat Zeit gebraucht, zu erhalten. Die unsinnige alte Vorstellung, daß das Licht sich momentan fortpflanze, war damit widerlegt. Daß seine Geschwindigkeit sich nach der angedeuteten Methode gleich 300000 Kilometer in der Sekunde ergibt, werden wir an anderer Stelle erfahren. Auch aus diesem Beispiel ersieht jedermann, daß die wissenschaftliche Arbeit, die dem Laien in ihrer Ausführung und in ihren Erfolgen oft so unbegreiflich, ja wunderbar erscheint, sich mit dem deckt, was man wohl als gesunden Menschenverstand bezeichnet. „Wissenschaft", sagt ein großer englischer Forscher, „ist nichts anderes als ‚organised common sense'", d. h. etwa zielbewußter, gesunder Menschenverstand.

Auch darüber, wie Galilei die Lehre vom Schall, die Akustik, durch das experimentelle Verfahren förderte, sei ein Wort gesagt. Dieses physikalische Gebiet ist wohl das erste, in das man durch Versuche eingedrungen ist. Der Anlaß dazu war dadurch gegeben, daß man sich schon seit der frühesten Zeit am Wohllaut der Klänge erfreute und sich in der Musik die edelste Kunst erschuf. Allmählich erwachte die Lust, forschend in das geheimnisvolle Wesen dieser Kunst einzudringen. Voll Staunen nahm man wahr, daß ganz einfache Zahlenverhältnisse die Harmonie der Töne bestimmen. Halbierte man eine gespannte Saite, so gab sie beim Anschlagen die Oktave ihres Grundtons, für die Quinte entdeckte man das Verhältnis 2:3 usw. Zur Ermittlung dieser Zahlenverhältnisse erfand man schon im Altertum in dem Monochord einen Apparat, der als der erste bezeichnet werden muß, vermittelst dessen ein Naturgesetz auf experimentellem Wege entdeckt wurde. Der Monochord, der in keiner Klosterschule des Mittelalters fehlte, besaß die Einrichtung, daß eine Saite über einen Resonanzkasten geführt und durch Gewichte beliebig gespannt wurde. In dem Kasten befanden sich ein verschiebbarer Steg und ein Maßstab.

Bis zum Auftreten Galileis hatte man die Tonhöhe in ihrer Abhängigkeit von der Länge der schwingenden Saiten untersucht. Galilei ging einen Schritt weiter, indem er die Töne in ihren Beziehungen zur physikalischen Beschaffenheit der Saiten erforschte. Es ergab sich folgendes: Bei gleicher Spannung und Beschaffenheit entsteht die Oktave durch Verkürzung der Saite auf die Hälfte. Bei gleicher Länge und Beschaffenheit erhält man die Oktave, wenn man die Spannung vervierfacht. Will man bei gleicher Länge und Spannung die Oktave erhalten, indem man die Saite feiner wählt, so muß man ihre Dicke auf ein Viertel reduzieren[1]).

An diese Ergebnisse mußte sich die Frage knüpfen: Wie verhält sich die Saite, wenn sie tönt, welcher physikalische Vorgang liegt einem Ton zugrunde? Prägt das tönende Instrument, wie die Alten glaubten, der Luft nur eine gewisse Form ein, oder wird die Luft, wie Aristoteles vorahnte, auf „eine angemessene

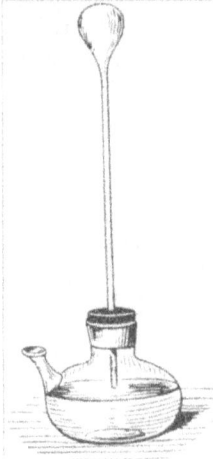

Abb. 4. Galileis Thermoskop.

Weise in Bewegung" gesetzt? Darüber kann, so sagte sich Galilei, nur der Versuch entscheiden. Auch hier genügten ihm die einfachsten Mittel. Er ergriff ein Schabeisen und fuhr damit über eine Messingplatte. Dadurch entstand ein Ton von bestimmter Höhe. Untersuchte er darauf die Platte, so zeigte sie sich mit vielen feinen Strichen bedeckt, die in gleichen Abständen aufeinander folgten. Erzielte Galilei durch Abändern der Geschwindigkeit, mit der er über die Messingplatte hinwegfuhr, einen höheren oder einen tieferen Ton, so wurden die Abstände kleiner oder größer. Darauf bestimmte er die Zahl der in der Zeiteinheit entstandenen Eindrücke. Jedem Eindruck entsprach offenbar eine Schwingung des tönenden Körpers. Hatte Galilei durch schnelleres und langsameres Streichen den Zusammenklang zweier Töne erzeugt, den man in der Musik als Quinte bezeichnet, so entfielen auf den einen Ton 30 und auf den anderen innerhalb derselben Zeit 45 Schwingungen. Durch die Fortsetzung dieses so einfachen Verfahrens fand Galilei das Grundgesetz der Akustik, daß nämlich die Höhe des Tones von der Anzahl der Schwingungen abhängt, die der tönende Körper in der Zeiteinheit macht, und daß ferner jene Schwingungszahlen für die harmonischen Zusammenklänge (die Konsonanzen) in einem einfachen Verhältnis stehen. Für die Oktave fand er es gleich 1 : 2, für die Quarte gleich 3 : 4 und für die Quinte gleich 2 : 3.

---

[1]) Später gelangte man durch schärfere Untersuchungen zu genaueren Resultaten, die sich nicht in solch einfache Formeln kleiden lassen.

Zur Untersuchung der Wärmeerscheinungen erfand Galilei ein Instrument, das uns die Abb. 4 zeigt. Es bestand aus einer unten offenen und oben in eine Kugel endigenden Röhre, in der sich eine Flüssigkeit auf und ab bewegte. Letzteres geschah, sobald die in der Kugel eingeschlossene Luft abgekühlt oder erwärmt wurde, da sie dementsprechend einen kleineren oder größeren Raum einnahm. Gleichzeitig mußte sich aber auch jede Schwankung des Luftdrucks an diesem Instrument bemerkbar machen. Infolgedessen waren nur innerhalb eines kurzen Zeitraumes angestellte Messungen vergleichbar. Wie sich aus diesem Apparat das heutige Thermometer entwickelte, wird uns noch beschäftigen.

Ein Wort sei auch noch über Galileis, das gewöhnliche Maß der Sterblichen weit überragende Persönlichkeit gesagt. Galilei war groß und von ehrwürdigem Aussehen. Die Stirn war hoch, der Blick voll Feuer und seine Rede ausdrucksvoll. Dabei war er kein einseitiger Gelehrter. Die Erholungsstunden widmete er der Musik und der Malerei. Sogar einige Sonette sind von ihm vorhanden. Diese künstlerische Veranlagung Galileis kam in seinen Schriften dadurch zum Ausdruck, daß sie neben ihrer wissenschaftlichen Bedeutung sprachlich zu dem Vollendetsten gehören, was die italienische Literatur des 17. Jahrhunderts hervorgebracht hat. Galileis Eigenart entsprach es, daß er sich stets der Grenzen der Naturforschung bewußt blieb und sich darauf beschränkte, die Erscheinungen in ihrem Verlaufe und in ihrem Zusammenhange mit verwandten Vorgängen scharf zu erfassen, ohne in ein unfruchtbares Suchen nach den letzten Gründen zu verfallen. Eine solche Beschränkung ist für die Erneuerung der Naturwissenschaften, wie sie im Beginn des 17. Jahrhunderts erfolgte, von höchstem Werte gewesen.

Galileis astronomische Forschungen werden uns in einem der folgenden Hefte beschäftigen. Sie brachten ihn mit den Lehren der Kirche in Widerspruch. Es entstand ein erbitterter Kampf, in dem Galilei zwar unterlegen ist, durch den das siegreiche Vordringen der Naturwissenschaften indessen nicht mehr aufgehalten werden konnte, zumal Galilei in Italien und besonders in den nördlichen Ländern Europas Bundesgenossen erstanden, von denen jetzt die Rede sein soll.

Die Fortsetzung des Wirkens Galileis durch seine Schüler.

Unter den Schülern, die in Italien das Werk Galileis fortsetzten, ist vor allem Torricelli zu nennen. An ihn schlossen sich andere, vom Geiste Galileis erfüllte Männer an. So entstand in Florenz eine Vereinigung, die sich die Aufgabe stellte, zunächst einmal zahlreiche und möglichst gründliche Versuche anzustellen.

Diese Florentiner Akademie oder die Akademie des Versuches bestand nur ein Jahrzehnt. Dann wurde sie (1667) infolge der Angriffe, denen die naturwissenschaftliche Forschung im 17. Jahrhundert ausgesetzt war, wieder aufgelöst. Vorher wurden aber die gewonnenen Ergebnisse in einer Schrift veröffentlicht, die für die weitere Entwicklung der experimentellen Forschung von großer Bedeutung gewesen ist. Sie beginnt mit der Beschreibung der wichtigsten Meßinstrumente, vor allem der von den Mitgliedern der Akademie erfundenen oder verbesserten. Darunter sind das Thermometer, das Barometer, sowie das Hygrometer (Feuchtigkeitsmesser) zu nennen. Andere Abschnitte handeln von der Herstellung und Wirkung der Kältemischungen, von der Wärmestrahlung, der Fortpflanzungsgeschwindigkeit des Schalles und des Lichtes, von der Elektrizität, dem Magnetismus usw.

Es muß hier bemerkt werden, daß das Wesen der echten Naturforschung nicht in der bloßen Häufung von Versuchen besteht, denen ein gemeinsames Band fehlt. Ein solches Verfahren lag keineswegs im Sinne Galileis, der sich stets von Erwägungen leiten ließ und nirgends zum bloßen Experimentator herabsank. Trotzdem war ein Unternehmen, wie dasjenige der Florentiner Akademie, bei dem damals herrschenden Mangel an sicher gestellten empirischen, d. h. der Erfahrung entstammenden Grundlagen ein sehr verdienstliches.

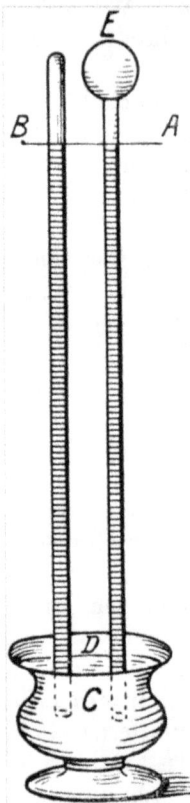

Abb. 5. Torricellis Versuch.

Zu den berühmtesten Versuchen gehört derjenige Torricellis, der zur Erfindung des Quecksilberbarometers führte. Wir wollen ihn an der von Torricelli herrührenden Abbildung 5 erläutern. Anknüpfend an die bekannte Beobachtung, daß das Wasser dem Kolben einer Pumpe nur bis zu einer gewissen Höhe (10 m) folgt, untersuchte Torricelli, wieweit wohl das Quecksilber, das 14 mal so schwer ist wie das Wasser, von dem vermeintlichen Abscheu der Natur vor der Leere (dem horror vacui) getragen werde. Zu diesem Zwecke nahm Torricelli eine an einem Ende geschlossene Röhre von zwei Ellen (1 m) Länge, füllte sie mit Quecksilber, verschloß sie mit dem Finger und kehrte sie in einem mit dieser Flüssigkeit gefüllten Gefäße (C) um. Nachdem der Finger fortgenommen war, sank das Quecksilber bis zu einem Stande (A B) von 1½ Ellen herab und blieb dort in der Schwebe. Der leere Raum, der sich über dem Quecksilber zeigte, wird auch heute noch die Torricellische Leere genannt. Der Apparat selbst ist ein Barometer, da die Länge der Quecksilbersäule die Größe des Luftdrucks anzeigt.

Diesen Zusammenhang bewiesen die Florentiner Forscher auf folgende Weise: Sie gaben dem Barometer die aus der nebenstehenden Abbildung 6 ersichtliche Form. Darauf verbanden sie den über C befindlichen Ansatz des Gefäßes mit einer Spritze. Zogen sie den Kolben heraus, so sank das Quecksilber in der Röhre beträchtlich, wurde dagegen durch Hineindrücken des Kolbens auf die in dem weiten Gefäß befindliche Luft ein

Abb. 6. Das erste Barometer.

Druck ausgeübt, so stieg das Quecksilber entsprechend dem größeren auf C B D lastenden Gesamtdruck über A hinaus.

Die Umbildung des von Galilei benutzten Thermoskops zu einem vom Luftdruck unabhängigen Thermometer vollzogen

die Florentiner Physiker dadurch, daß sie die Röhre , in der sich
die Thermometerflüssigkeit auf und ab bewegte, luftleer machten
und sie zuschmolzen. Als Flüssigkeit benutzten sie Weingeist,
da man das Wasser, von anderen Unvollkommenheiten abgesehen,
bei Temperaturen, die unter dem Gefrierpunkt liegen, ja nicht ge-
brauchen kann. Die Einrichtung des ersten wirklichen Thermo-
meters zeigt die nebenstehende, dem Buche der Florentiner Physiker entnommene Abbildung 7. Die Ein-
teilung in Grade wurde durch dem Glasrohr ange-
schmolzene Glaskügelchen vorgenommen. Eine zuver-
lässige Thermometerskala fehlte zunächst noch.

Als feste Punkte galten sehr hohe und sehr tiefe
in der Atmosphäre beobachtete Temperaturen. Sie
waren indessen recht willkürlich. Erst nach der Auf-
lösung der Akademie brachte eins ihrer Mitglieder
die noch heute gebräuchlichen festen Punkte, nämlich
den Schmelzpunkt und den Siedepunkt des Wassers,
in Vorschlag.

Weitere Versuche aus dem Gebiet der Wärmelehre
betrafen die Ausdehnung des Wassers beim Gefrieren.
Man füllte eine aus festem, spröden Material herge-
stellte Kugel mit Wasser, verschloß sie und brachte
sie in eine Kältemischung, deren Anwendung zu wissenschaftlichen Zwecken gleichfalls ein Verdienst der Akademie ist. Die Ausdehnung des Wassers bei seiner Um-
wandlung in Eis erfolgte mit solch unwiderstehlicher
Gewalt, daß das Gefäß zersprang. Um eine beträchtliche
Kälte zu erzeugen, mischte man Schnee mit den damals
bekannten Salzen (Kochsalz, Salpeter, Salmiak).

An den Nachweis, daß das Wasser sich auszudehnen vermag, mußte sich die Frage knüpfen,

Abb. 7. Das
erste Ther-
mometer.

ob diese Flüssigkeit auch zusammengepreßt werden
kann. Um darüber eine Entscheidung herbeizuführen,
schloß man Wasser in eine silberne Kugel ein und
änderte ihre Form durch Hämmern. Dabei bedeckte sich, ganz
wider Erwarten, die Kugel mit Wasser, das offenbar durch das
Silber hindurchgepreßt war.

Einige Überreste der physikalischen Apparate, welche die
Akademiker für ihre Experimente geschaffen, sowie manche
Dinge, die an Galilei und seine Forschungen erinnern, werden in
Florenz aufbewahrt. Die Italiener erfüllen dadurch eine Ehren-

pflicht gegen ihre großen Männer, der man in Frankreich, in England und in Deutschland gleichfalls in neuester Zeit durch die Errichtung besonderer Museen (South-Kensington-Museum in London, Deutsches Museum in München) nachgekommen ist. Eins der schönsten Denkmäler, das je eine Nation einem ihrer großen Gelehrten gesetzt hat, ist auch die um die Mitte des 19. Jahrhunderts in mehr als zwanzig großen Bänden erschienene Nationalausgabe der Werke Galileis. So hat denn wenigstens die Nachwelt ihn und seine Schüler anerkannt, während im 17. Jahrhundert die religiöse Unduldsamkeit noch so groß war, daß man nicht nur einen Galilei einkerkerte, sondern selbst die Akademie, die sich von Angriffen gegen die Kirche gänzlich ferngehalten hatte, auflöste. Nach ihrem Vorbilde entstanden indessen fast zur selben Zeit in London und Paris Hochburgen wissenschaftlicher Forschung, die sich gleichfalls Akademien nannten und dafür sorgten, daß die Fackel der Wissenschaft nicht wieder erlosch.

Die Gesetze des Falles, die Galilei experimentell zunächst nur für die schiefe Ebene dargetan hatte, wurden, schon bevor die Florentiner Akademie ins Leben trat, auch für den freien Fall nachgewiesen. Man ließ von einem sehr hohen Turme schwere Kugeln herabfallen und maß die Fallzeit mittels kleiner Pendel, die 6 Schwingungen in der Sekunde machten. Diese Versuche wurden angestellt, um Galilei zu widerlegen. Das Ergebnis entsprach aber vollkommen dem seinen. Nicht nur bei Benutzung einer schiefen Ebene, sondern auch, wenn man den Körper ungehindert fallen ließ, verhielten sich die in gleichen Zeiten zurückgelegten Strecken wie $1:3:5:7:9$. Weiter ließ sich die Versuchsreihe bei der Höhe des Turmes (250 Fuß) nicht ausdehnen. Es würde sich bei größeren Höhen ferner der Widerstand der Luft in allzu erheblichem Maße geltend gemacht haben.

Auch die Optik wurde noch im Zeitalter Galileis erheblich gefördert. Sie hatte schon sehr früh einen wissenschaftlichen Grundzug erhalten. Das lag daran, daß sich die Optik der mathematischen Behandlung besonders zugänglich erweist. Die Fortpflanzung des Lichtes in geraden Linien und die Reflexion der Lichtstrahlen nach einem einfachen geometrischen Gesetz, nach dem der Einfallswinkel gleich dem Reflexionswinkel ist, ermöglichten es den Mathematikern mit Lineal und Zirkel eine Menge von Besonderheiten abzuleiten, so das Verhalten der ebenen, der Hohl- und der gewölbten (Konvex-) Spiegel, die Abhängigkeit der scheinbaren Größe von dem Sehwinkel usw. Auch mit Versuchen über den Gang des Lichtstrahls, der aus der Luft ins Wasser eindringt, hatten sich die Alten schon abgemüht. Diese Versuche wurden besonders von dem großen deutschen Astronomen Kepler wieder aufgenommen. Ihm kam es vor allem darauf an, durch die Erforschung der Brechung, welche das Licht beim Übergang von Luft in Glas erfährt, eine Theorie des Fernrohrs aufzustellen. Glückte es zwar Kepler noch nicht, eine gesetzmäßige Beziehung zwischen dem Einfallswinkel α und dem Brechungswinkel β nachzuweisen, so vermochte er es doch, mehrere neue Konstruktionen für das Fernrohr anzugeben. Darunter befand sich das astronomische Fernrohr, das ihm zu Ehren das Keplersche genannt wurde.

Der in der Optik sowie in der Mechanik, später aber auch auf anderen Gebieten beschrittene Weg, durch mathematische Ableitung zu neuen Entdeckungen und Erfindungen zu gelangen, wird als der deduktive bezeichnet. Dagegen nennt man das experimentelle auch wohl das induktive Verfahren. Man darf

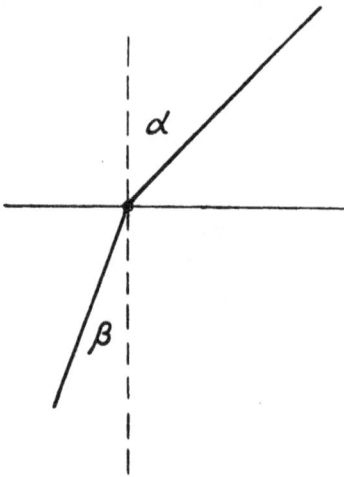

Abb. 8. Die Brechung des Lichtes.

jedoch hierbei nicht übersehen, daß das deduktive (ableitende) Verfahren immer die Kenntnis von gesetzmäßigen, durch Zahlen oder durch geometrische Beziehungen zum Ausdruck gelangenden Tatsachen voraussetzt. So waren es beim Fall die ungeraden Zahlen und bei der Reflexion die Gleichheit zweier Winkel, wodurch die experimentell gewonnenen Ergebnisse zum Ausdruck kamen. Das induktive Verfahren muß daher bis zu einem gewissen Standpunkt geführt haben, bevor das deduktive einsetzen kann. Neue Ergebnisse, zu denen letzteres gelangen läßt, werden wieder durch Versuche auf ihre Richtigkeit geprüft (verifiziert). Und so schreitet die Wissenschaft vorsichtig tastend, Schritt für Schritt vorwärts. Die beiden Verfahrungsweisen sind ihre Flügel, richtiger gesagt ihre Krücken, denn der Fortschritt erfolgt nur langsam und besser auf festem, sicheren Boden als in einem bewegten Element. Er ist mit unendlicher Anstrengung verknüpft und geht oft in die Irre.

Die Ausdehnung der experimentellen Forschung auf das Gebiet der Elektrizität und des Magnetismus.

Durch die Anwendung des experimentellen Verfahrens wurden im Zeitalter Galileis auch die vereinzelten, meist unverstandenen Beobachtungen magnetischer und elektrischer Vorgänge zu einer wissenschaftlichen Lehre ausgebaut. Dies geschah durch den Engländer Gilbert, der dem Laien weniger bekannt ist als ein Galilei oder ein Torricelli, der aber dennoch zu den Begründern der neueren Naturwissenschaft zählt.

Gilbert war Arzt. Als solcher genoß er ein solch hohes Vertrauen, daß die Königin Elisabeth ihn zu ihrem Leibarzt ernannte. Daß in jener Zeit ein Arzt zu den großen Naturforschern zählte, darf nicht wundernehmen. War doch die Beschäftigung mit der Natur früher nur selten ein Beruf. Im Altertum lag sie zumeist, wie die Pflege alles Wissens, in den Händen der Priester, allerdings auch schon in denen der Ärzte, die ja ihre Heilmittel allen drei Naturreichen entnahmen. Im späteren Mittelalter und zu Beginn der Neuzeit spielten der ärztliche und der pharmazeutische Stand in der Pflege der Naturwissenschaften eine große Rolle. War doch noch einer der bedeutendsten Chemiker, der gegen den Ausgang des 18. Jahrhunderts lebte (er hieß Scheele und wird uns noch eingehender beschäftigen) Apotheker.

Solche Männer bewahrten sich oft besser den Blick für das Allgemeine wie die Fachgelehrten, bei denen die großen allgemeinwissenschaftlichen Gedanken so häufig hinter der Pflege eines engen Sondergebietes zurücktreten. Zwar können wir unser heutiges Spezialistentum nicht entbehren, man darf darüber aber die eigentlich wissenschaftlichen Aufgaben nicht außer acht lassen. Mit Recht spricht man von der oft herrschenden Kurzsichtigkeit, sowie von den Scheuklappen, die den Spezialisten von der übrigen Welt abschließen. Wir müssen über diesen Zustand hinauswachsen, um zu einer Besserung in vielen Dingen zu gelangen. Und dazu vermag nichts anderes in solchem Maße beizutragen wie der Einblick in den Gang, den die Forschungen und die Entdeckungen genommen haben.

Ein Forscher in dem angedeuteten wahren Sinne des Wortes war Gilbert. Er war nicht nur ein Physiker, den selbst Galilei bewunderte, sondern auch Philosoph. Und ein Alexander von Humboldt rühmte ihm nach, er habe „wie es nur der Genius vermöge, nach schwachen Analogien vieles glücklich geahnt". Dies trifft besonders für die von Gilbert geschaffene Lehre vom Erdmagnetismus zu.

Daß es sich gerade um die Wende des 16. zum 17. Jahrhunderts handelte, und daß es gerade ein englischer Gelehrter war, der sich der Erforschung der magnetischen und der damit so nahe verwandten elektrischen Erscheinungen widmete, ist kein bloßer Zufall. Englands Zukunft wies damals schon auf das Meer hinaus. Seine Machtmittel waren seine Schiffe. Und was diesen den Weg in die fernsten Gegenden des Erdballs eröffnete, das war der Magnet, der Gegenstand des eingehenden Studiums Gilberts. Seine Neigung ist zum Teil indessen auch darauf zurückzuführen, daß man dem Magnetstein seit dem Altertum besondere Heilwirkungen zuschrieb.

Die Ergebnisse seiner Untersuchungen hat Gilbert in einem großen, mit vielen Abbildungen versehenen Werke veröffentlicht, das wir unserer Darstellung zugrunde legen wollen. Er nannte es: „Über den Magneten, magnetische Stoffe und den Magnetismus der Erde." Von ihm rührt nämlich die Auffassung her, daß die Erde ein großer Magnet ist. Welche Versuche ihn zu dieser Auffassung geleitet haben, soll hier näher auseinander gesetzt werden.

Bis zu Gilberts Auftreten lagen nur vereinzelte Beobachtungen vor. Man wußte, daß geriebener Bernstein leichte Körper anzieht. Eine ähnliche Erscheinung hatte man am Magnetstein beobachtet. Doch sah man hier die anziehende Kraft auf ein Metall, das Eisen nämlich, beschränkt. Es war auch aufgefallen, daß der Magnetstein das Eisen anzieht, ohne vorher gerieben zu sein. Zu einer scharfen, auf zahlreiche Versuche gegründeten Trennung der elektrischen und der magnetischen Erscheinungen gelangte jedoch erst Gilbert. Die Ursache der magnetischen Bewegungen, sagt er, ist von den Kräften des Bernsteins sehr verschieden. Die alten und auch die neueren Schriftsteller erwähnen, daß der Bernstein Spreu anzieht. Dasselbe tut auch der Gagat[1]), der in England, Deutschland und in vielen anderen Ländern aus der Erde gegraben wird. Aber nicht nur diese beiden Stoffe ziehen leichte Körper an, sondern der Diamant, Saphir, Rubin, Opal, Amethyst, Beryll und

---

[1]) Gagat ist eine bituminöse, d. h. an flüssigem Brennstoff reiche Braunkohle.

Bergkristall zeigen das gleiche Verhalten. Ähnliche anziehende Kräfte besitzt das Glas. Auch Schwefel und Harz ziehen an.

All diese Substanzen ziehen, wie Gilbert nachwies, nicht nur Spreu an, sondern auch sämtliche Metalle, Holz, Blätter, Steine, Erde, sogar Wasser und Öl, kurz alles, was durch unsere Sinne wahrgenommen wird. Um durch Versuche festzustellen, wie diese Anziehung stattfindet und welches die Stoffe sind, die alle Körper auf solche Weise anziehen, richtete Gilbert sich einen 3 bis 4 Zoll langen Zeiger aus irgendeinem Metall her. Diesen Zeiger brachte er auf die Spitze einer Nadel, ähnlich wie es bei einem Kompaß geschieht, leicht beweglich an. Näherte man dem Zeiger dann Bernstein oder Bergkristall, nachdem man sie etwas gerieben hatte, so geriet der Zeiger sofort in Bewegung.

„Der Magnet dagegen äußert seinen Magnetismus", fährt Gilbert fort, „ohne vorheriges Reiben sowohl im trockenen als auch im feuchten Zustande, in der Luft wie im Wasser, ja selbst wenn die dichtesten Körper,

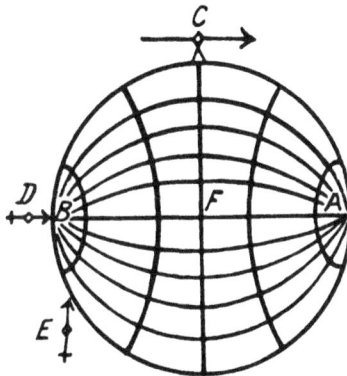

Abb. 9. Gilberts Versuche über den Erdmagnetismus.

seien es Platten aus Holz und Stein oder Scheiben aus Metall, dazwischen gebracht sind. Der Magnet wirkt nur auf magnetische Körper, während elektrische Substanzen alles anziehen. Auch vermag der Magnet bedeutende Lasten zu tragen, während der elektrisierte Körper nur sehr kleine Gewichte anzuziehen vermag."

Die Versuche, durch welche Gilbert die Lehre vom Erdmagnetismus begründete, bestanden darin, daß er einem Magnetstein die Form der Erde gab und das Verhalten der Magnetnadel diesem Ebenbild der Erde gegenüber eingehend studierte und es mit dem Verhalten der Magnetnadel gegen die Erde verglich. Wie er das anstellte, zeigt uns die seinem Werk entnommene Abb. 9. Er brachte die Magnetnadel z. B. auf die Stelle C und bezeichnete die Richtung der ruhenden Nadel mit einem Strich. Geschah dies an recht vielen Stellen, so erhielt er auf seinem kugelförmigen Magneten Linien, die in dem Punkte A und dem entgegengesetzten Punkte B zusammenliefen. An diesen Polen stellte sich die

Nadel (*D*) senkrecht zur Kugeloberfläche. Eine den Polen
benachbarte Nadel zeigte eine geringere Neigung, die um so mehr
abnahm, je mehr man sich einer zwischen den Polen befindlichen
Linie (*F*) näherte. In dieser Linie selbst war die Neigung der
Nadel gleich Null.

Den Ergebnissen jener Versuche entsprachen die Beobachtungen der Seefahrer. Die Neigung der Nadel nahm zu, je weiter
man nach Norden vordrang, und damit wurde eine Voraussage,
die Gilbert den Polarfah-
rern auf Grund seiner Beobachtungen gemacht hatte,
bestätigt.

Der Nachweis, daß die
Erde ein kugelförmiger
Magnet ist, führte Gilbert
zu der Ansicht, daß auch
die übrigen Weltkörper,
insbesondere der Mond und
die Sonne mit magnetischer
Kraft begabt seien. Nicht
nur die Bewegung der Welt-
körper, sondern auch die Gezeiten wollte Gilbert aus dem Magnetismus erklären. Hierin folgte ihm Kepler. Auch er betrachtete die
bewegende Kraft der Sonne als eine Art Magnetismus. Wie der
Magnet die Nadel, so sollte die Sonne vermöge ihrer Rotation die
Erde und die übrigen Planeten mit sich herumführen. Kepler war
nämlich in dem Irrtum befangen, daß die Planeten zu ihrer
Bewegung um die Sonne eines fortgesetzten Antriebes bedürften.
Erst durch das Galileische Prinzip vom Beharrungsvermögen
und durch den Übergang von der Fall- und der Wurfbewegung
zur Zentralbewegung gelang es, die Dynamik auf die Vorgänge
am Himmel auszudehnen und die Auffassung Gilberts und
Keplers durch eine bessere zu ersetzen. Wir sehen an diesem Bei-
spiel das oft gesprochene Wort bestätigt, daß das Wesen der
Naturforschung in der stetig fortschreitenden Anpassung unserer
Vorstellungen und Begriffe an die Vorgänge besteht.

Gewiß besaß auch Gilbert Vorläufer auf seinem Gebiete.
Wir finden aber bei keinem eine solch klare und überall auf eigene
Versuche gegründete Darstellung wie bei ihm. Es sei dies nur an
folgender Stelle aus seinem großen Werke dargetan, an der er
die Auffindung des magnetischen Grundgesetzes schildert: „Man

Abb. 10. Gilberts Versuch.

lege einen Magnetstein, dessen Pole erkannt und bezeichnet sind, in ein passendes Gefäß, so daß er darin schwimmt (Abb. 10). Die Pole mögen in die Ebene des Horizontes fallen. Man nehme einen zweiten Stein, dessen Pole ebenfalls festgestellt sind, in die Hand, so daß der Südpol desselben gegen den Nordpol des schwimmenden gekehrt ist. Dann nähere man ihn dem letzteren. Sofort wird der schwimmende Stein darauf zustreben, bis er daran haftet. Nähert man darauf den Nordpol des Steines, den man in der Hand hält, dem Südpol des schwimmenden, so erfolgt wieder eine Anziehung. Entgegengesetzte Pole ziehen sich also an. Wenn man aber den Südpol dem Südpol und den Nordpol dem Nordpol in derselben Weise nähert, so entfernen sich die Steine voneinander."

Der erste große deutsche Experimentator.

Die experimentelle Erforschung der magnetischen und ganz besonders diejenige der elektrischen Erscheinungen wurde in Deutschland durch Otto von Gue-

Abb. 11. Guerickes Elektrisiermaschine.

ricke fortgesetzt. Von ihm rührt auch die erste, zwar noch recht einfache Elektrisiermaschine her. Guericke füllte eine Glaskugel mit geschmolzenem Schwefel. Nach dem Erkalten wurde das Glas zerschlagen und die so erhaltene Schwefelkugel auf eine Achse gesteckt, die auf zwei Stützen ruhte Abb. 11. Die geriebene Kugel[1]) zog Papier, Federn und andere leichte Gegenstände an und führte sie mit sich herum. Wasser-

tropfen, die man in ihre Nähe brachte, gerieten in eine wallende Bewegung. Auch wurden ein Leuchten und ein Geräusch wahrgenommen, wenn man der Schwefelkugel nach dem Reiben den Finger näherte.

---

[1]) An Gilberts und an Guerickes elektrische Versuche erinnern einige Gegenstände in den Sälen Nr. 24 und 25 des Deutschen Museums. So finden sich dort armierte, d. h. mit eisernen Kappen versehene, natürliche Magnete, eine Nachbildung der magnetischen Kugel eine größere Abbildung der Elektrisiermaschine Guerickes usw.

Otto von Guericke[1]) (1602—1686) entstammte einer angesehenen Magdeburger Familie. Er empfing eine sorgfältige Erziehung und studierte darauf die Rechte und angewandte Mathematik, worunter man im 17. Jahrhundert vorzugsweise Befestigungslehre verstand. So vorbereitet, trat Guericke in das Ratskollegium seiner Vaterstadt ein, dem er später als Bürgermeister angehörte. Er war ein besonnener, fleißiger, praktischen Zielen nachstrebender Mensch. Auch von seinem Vater und seinem Großvater ist bekannt, daß sie tüchtige Männer waren. Bei der Eroberung Magdeburgs vermochte Guericke sich und den Seinen kaum das nackte Leben zu retten. Nach dem Abzuge der „Kaiserlichen" beteiligte er sich an der Wiederherstellung der Befestigungen und dem Neubau der zerstörten Elbbrücke. Die hierbei gesammelten Erfahrungen sind den physikalischen Untersuchungen zugute gekommen, denen er sich nach der Wiederkehr ruhigerer Zeiten zuwandte.

Wie Galilei, so hat auch Guericke das Experiment als das einzige Mittel, die Natur zu befragen, hingestellt. Dadurch vor allem vollzog sich der Bruch mit der mittelalterlichen Denkweise. Die Philosophen hatten im Altertum und Mittelalter zahlreiche unfruchtbare Spekulationen über den leeren Raum sowie über das Wesen der Luft angestellt, darüber, ob sie Gewicht besitzt oder etwa mit einem Streben vom Erdmittelpunkte fort begabt sei usw. All dieses wurde von Guericke durch die Erfindung der Luftpumpe entschieden. Diese Erfindung war indessen nicht das Ergebnis eines Augenblicks, sondern die Frucht jahrelanger, mühevoller Versuche, die Guericke eingehend in seinem Werk „Über den leeren Raum" geschildert hat.

Die ersten, gleichsam tastenden, von manchem Mißerfolg begleiteten Experimente, die Guericke schließlich zur Erfindung seines Apparates führten, wollen wir jetzt nacherleben. Ein Faß wurde mit Wasser gefüllt, wohl verpicht und an seinem unteren Ende mit einer Pumpe versehen. Letztere besaß zwei

---

[1]) Sein Bildnis schmückt neben denen von Leibniz, Gauß und anderen großen Forschern den Ehrensaal des Deutschen Museums. Dort findet sich in der Gruppe »Mechanik der Gase« auch seine Originalluftpumpe nebst den Magdeburger Halbkugeln. Ein großes Wandgemälde im Treppenhause stellt den berühmten Versuch dar, durch den Guericke gelegentlich des Reichstages zu Regensburg (1654) den deutschen Fürsten und Ständen die außerordentliche Größe des Luftdrucks dargetan hat. (S. Abb. 12).

Ventile, von denen das eine den Eintritt des Wassers in die Pumpe, das andere dagegen den Abfluß nach außen vermittelte. Die Bemühungen, das so hergerichtete Faß leer zu pumpen, scheiterten daran, daß die Luft durch die Poren des Holzes in dem Maße eindrang, wie man das Wasser herauszog.

Guericke wählte darauf für sein Vorhaben ein kupfernes Gefäß. Jedoch ein neuer Mißerfolg trat ein. Das Gefäß wurde nämlich während des Leerpumpens plötzlich zu aller Schrecken mit lautem Knall zerdrückt „als ob man ein Tuch zwischen den Fingern zusammengeballt hätte". Immerhin war hiermit der ungeheure Druck der umgebenden Luft bewiesen. Um diesem Druck genügend Widerstand zu leisten, machte Guericke seine Rezipienten, wie man die zum Evakuieren (Leerpumpen) bestimmten Gefäße genannt hat, genau kugelrund[1]). Er erkannte, daß es nicht nötig ist, den Rezipienten vorher mit Wasser zu füllen und daß die Pumpe ebensowohl über- als unterhalb des zu evakuierenden Gefäßes angebracht werden kann, da die Luft infolge ihrer Elastizität bei jedem Kolbenzuge das ganze Gefäß und die Pumpe wieder ausfüllt. Auch daß sich mit seiner Pumpe kein völliges Vakuum herstellen läßt, wurde ihm bald klar. Schließlich entstand auf mancherlei Umwegen der so einfache Apparat, den das Deutsche Museum in seiner Ursprünglichkeit aufbewahrt und den die Abbildung auf S. 28 darstellt.

An die geschilderten, grundlegenden Versuche schlossen sich unzählige weitere an, durch die man mit der Natur der Luft immer eingehender bekannt wurde und manche bisher unbegreifliche Erscheinung, wie z. B. das Emporsteigen des Wassers in den Pumpen bis zu einer ganz bestimmten Höhe (10 m) erklärte. Die Scholastiker und selbst noch Galilei hatten dies Verhalten dem „Horror vacui" zugeschrieben. Die Natur sollte einen „Abscheu vor der Leere" haben oder „keinen leeren Raum dulden". Mit dem Rezipienten Guerickes ließ sich beweisen, daß das Emporsteigen der Flüssigkeiten beim Saugen und beim Pumpen lediglich durch den Druck der Luft bewirkt wird. Guericke brachte den Rezipienten vor dem obersten Stockwerk seines Hauses an und verband ihn mit einem Rohre, das bis auf

---

[1]) Daß sie nach längerem Pumpen evakuiert waren, erkannte er daran, daß die Luft beim Öffnen des Hahnes mit großer Heftigkeit wieder eindrang. Öffnete er einen evakuierten Rezipienten unter Wasser, so füllte dieses das Gefäß aus.

den Boden des Hofes reichte und in Wasser tauchte. Öffnete er dann den Hahn, so stieg das Wasser 18 Ellen (10 m) hoch empor. Es blieb aber nicht stets in gleicher Höhe, sondern stand bald etwas höher, bald einige Handbreit tiefer. Daraus schloß Guericke, daß nicht der „Horror vacui", sondern eine äußere Ursache, der Luftdruck nämlich, das Steigen des Wassers in den Pumpen wie bei dem von ihm angestellten Versuch hervorruft. Wenn das Emporsteigen infolge eines „Abscheus vor dem leeren Raum" geschähe, meint Guericke, so müßte das Wasser entweder bis zu einer beliebigen Höhe unbegrenzt dem Vakuum folgen oder doch wenigstens immer in ein und derselben Höhe stehen bleiben. Letztere hänge von dem Gleichgewicht zwischen dem Gewicht der Wassersäule und dem Luftdruck ab. Schwankungen in der Höhe der Wassersäule zeigten somit, wie Guericke klar erkannte, Veränderungen des Druckes der atmosphärischen Luft an. Guericke bemerkte sogar schon, daß zwischen den von ihm entdeckten Schwankungen und den Änderungen des Wetters ein Zusammenhang besteht. Sein Wasserbarometer, das im Deutschen Museum in getreuer Nachbildung Platz gefunden hat, läßt manche interessante Einzelheit erkennen.

Erst lange nach dieser Erfindung wurde Guericke mit dem bequemeren Quecksilberbarometer bekannt. Er beabsichtigte sogar schon, mit einem solchen auf einen hohen Berg zu steigen, um auf diese Weise die Richtigkeit seiner Lehre darzutun. War es nämlich der Luftdruck und nicht der Horror vacui, der das Quecksilber in der Schwebe hielt, so mußte die Quecksilbersäule sich beim Emporsteigen in höhere, einem geringeren Druck ausgesetzte Schichten der Atmosphäre verkürzen. Den Beweis hierfür hat Pascal durch sein berühmtes Bergexperiment erbracht.

Es ist das ein Versuch, den jeder, der ein Aneroidbarometer besitzt, ausführen kann. Man braucht sich nur in den Keller eines etwas höheren Gebäudes zu begeben, dort den Stand des Barometers anzumerken und in das höchste Stockwerk emporzusteigen. Man wird dann bemerken, daß der Luftdruck schon um einen oder einige Millimeter abgenommen hat. Befindet sich in der Nähe des Wohnortes ein Hügel von einigen hundert Metern Höhe, so läßt sich dies noch deutlicher wahrnehmen. Diese Beobachtung hat dazu geführt, daß man das Barometer beim Besteigen von Bergen und später bei Luftfahrten zu einer ungefähren Ermittlung der Höhe benutzte. Genau kann das

Verfahren ja nicht sein, weil der Luftdruck, wie schon Guericke erkannte, erheblichen Schwankungen unterliegt.

Das Gelingen des Bergexperimentes im 17. Jahrhundert rief damals großes Erstaunen hervor. Dem Manne, der es ausführte, stand noch kein Aneroidbaromter zur Verfügung. Er mußte daher den Torricellischen Versuch einmal am Fuße und dann auf dem Gipfel eines Berges anstellen. Der Höhenunterschied belief sich auf etwa 700 m. Am Fuße wurde in zwei ganz gleichen Apparaten der Torricellische Versuch gemacht. Die Höhe der Quecksilbersäule betrug in beiden Fällen 26 Zoll 3½ Linien. Der eine Apparat blieb dann unter sorgfältiger Beobachtung an Ort und Stelle, während man mit dem anderen das Experiment auf dem Gipfel des Berges wiederholte. Es erwies sich, daß die Höhe der Quecksilbersäule dort nur 23 Zoll und 2 Linien betrug. Beim Hinabsteigen wiederholte man den Versuch ein zweites Mal und fand einen dazwischen liegenden Wert (25 Zoll). Während dieser Zeit hatte die Quecksilbersäule am Fuße des Berges unverändert den Stand von 26 Zoll 3½ Linien beibehalten.

Das erwähnte Aneroidbarometer, d. h. Barometer ohne Flüssigkeit, wurde erst 1847 erfunden. Und doch hat schon bald nach der Erfindung des Quecksilberbarometers ein sog.,,Gedankenexperiment" auf diese Erfindung geleitet, ohne daß man sie indessen ausgeführt hätte. Es war kein Geringerer als der große deutsche Philosoph Leibniz, der folgenden Vorschlag machte: ,,Ich habe zuweilen an ein tragbares Barometer gedacht, das in einem, einer Uhr ähnlichen kleinen Behälter eingeschlossen sein könnte. Quecksilber soll dabei nicht zur Verwendung kommen, sondern eine Art Blasebalg, den das Gewicht der Luft zusammenzudrücken sucht, während er durch die Kraft einer elastischen Feder Widerstand leistet."

Der Mann, der diesen Gedanken in die Tat umsetzte, vielleicht ohne diesen von Leibniz ausgehenden Vorschlag zu kennen, war der Engländer Vidi. In diesem Falle, wie so häufig und zwar oft in weit wichtigeren Dingen, hat der deutsche Genius den Weg gewiesen, auf dem andere zu den Früchten gelangt sind.

Daß die Luft Gewicht besitzt, infolgedessen also einen Druck ausübt, ergab sich für Guericke auch daraus, daß sein leergepumpter Rezipient bedeutend weniger wog als der mit Luft gefüllte.

Am berühmtesten ist Guerickes Versuch mit den Magdeburger Halbkugeln geworden. (Abb. 12). Um den Luftdruck in recht augen·

fälliger Weise darzutun, stellte Guericke zwei Halbkugeln aus
Kupfer her. Sie ließen sich vollkommen zu einer Kugel von etwa
zwei Drittel Ellen Durchmesser zusammenfügen. Wurde die so
entstandene Kugel leergepumpt, so konnten die Hälften erst
durch 16 Pferde wieder auseinander gerissen werden, während sie
nach dem Öffnen des Hahnes leicht voneinander getrennt werden
konnten.

Dieser Versuch führte zwar nicht zu einem neuen Ergebnis.
Er sollte nur die gefundene Wahrheit möglichst eindrucksvoll
einer größeren Zahl von Zuschauern vorführen. Einen der-

Abb. 12. Guerickes Magdeburger Halbkugeln.

artigen Versuch nennt man wohl einen Demonstrationsversuch. Und
ohne Zweifel ist die Vorführung auf dem Reichstage zu Regensburg
in ihrer Art wie in der Wirkung der bedeutendste Demonstrationsversuch gewesen, der jemals stattgefunden hat, würdig
genug, um im Treppenhause des Deutschen Museums zu München
durch einen hervorragenden Künstler in einem gewaltigen Wandgemälde festgehalten zu werden. In der Mitte des Bildes sehen
wir, wie 16 Pferde sich abmühen, die leergepumpten Halbkugeln
voneinander zu reißen. Im Vordergrund ist Guerickes Luftpumpe dargestellt. Zu beiden Seiten drängen sich die Fürsten
und die Abgeordneten.

Für einen Augenblick wenigstens empfanden diese Männer,
die sich um Land und Rechte stritten und darüber, an welchen
Plätzen ihnen zu sitzen gebühre, etwas von der Majestät der
Wissenschaft. Mehrere Fürsten beauftragten ihre Hofmathe-
matiker und gelehrte Männer ihrer Landesuniversitäten, sich gleich-

falls mit den „Magdeburgischen Wunderdingen" zu befassen. Es entstanden dickleibige Bücher darüber. Wie groß indessen die Macht der Autorität war, erkennt man daran, daß ihre Verfasser trotz aller von Guericke für die Wirkung des Luftdrucks beigebrachten Beweise mitunter noch an der Lehre vom Horror vacui festhielten. Erst dieser Widerstreit der Meinungen bewog Guericke, zehn Jahre nach der Anstellung des Regensburger Versuches, sein großes Werk zu schreiben, das erst weitere zehn Jahre später erschien, weil sich zunächst kein Verleger dafür finden ließ.

Die einzige Bezahlung, die Guericke für diese Arbeit von dem holländischen Verleger bekam, bestand in einigen Freiexemplaren. Vergebens hatte er geltend gemacht, daß er den größten Teil seiner Einnahmen auf die in dem Werk beschriebenen Versuche verwendet habe. So hat sich die deutsche Wissenschaft mühsam emporgerungen, bis für sie im 19. Jahrhundert bessere Zeiten anbrachen. Wenn die Wissenschaft im Herzen Europas auch heute wieder Not leidet, so wird sie deshalb nicht verzagen, sondern des alten Spruches „Durch Nacht zum Licht" eingedenk bleiben, der Guericke, Kepler und andere große deutsche Forscher des 17. Jahrhunderts beseelt hat.

Guerickes gesamtes Wirken war ein Ausfluß hoher Tugenden. Fleiß, Geschick, Nachdenken und eine hervorragende Ausdauer haben seine großen Erfolge gezeitigt. Auch das verdient hervorgehoben zu werden, daß die Grundlagen der Experimentalphysik nicht etwa durch die zünftigen Physiklehrer geschaffen wurden, die zum Teil sogar trotz Guerickes überzeugender Versuche an der Lehre vom Horror vacui festhielten, sondern durch einen Nichtfachmann, der unbeirrt durch Theorien und vorgefaßte Meinungen und unbekümmert um die Angriffe, denen er wie alle Neuerer ausgesetzt war, beharrlich sein Ziel verfolgte. Wer sich eingehender mit den Versuchen und den Gedankengängen Guerickes befassen will, sei auf die Übersetzung seines Werkes hingewiesen, die bei W. Engelmann in Leipzig erschienen ist. Denn das dürfte wohl das Ergebnis dieser Darstellung sein, daß wahres Wissen nicht in dem Erlernen einiger Tatsachen, sondern darin besteht, daß wir die Wege kennen lernen, auf denen die Menschheit zu bedeutenden Wahrheiten gelangt ist.

Die Kunde von der Erfindung Guerickes verbreitete sich bald in allen übrigen Kulturländern. Einen besonders günstigen Boden fand sie in England. Dort wirkte um die Mitte des 17. Jahrhunderts Boyle, dem die Engländer den Namen des großen Experimentators gegeben und, wenn auch sehr mit Unrecht, die Erfindung der Luftpumpe zugeschrieben haben. Byole selbst sagt nämlich, er habe sich wohl mit ähnlichen Gedanken wie Guericke getragen, dieser sei ihm aber durch die Ausführung zuvorgekommen.

Die von Boyle gebaute Luttpumpe besaß einige Vorzüge vor derjenigen Guerickes, sie regte aber auch letzteren wieder zu Verbesserungen an. Und so wurde denn im Laufe des 17. Jahrhunderts die Luftpumpe der wichtigste Apparat der Experimentalphysik, wie es im 18. die Elektrisiermaschine und im 19. die Voltasche Säule, die Vorrichtung zur Erzeugung des elektrischen Stromes, gewesen ist. Bis in unsere Zeit hat man die Luftpumpe zu immer größeren Leistungen befähigt. Während die Apparate Guerickes und Boyles nur ein sehr unvollkommenes Vakuum gaben, gelingt es, mittels der heute zum Evakuieren benutzten Pumpen, die Luft aus einem Gefäße soweit zu entfernen, daß ihr Druck nur noch einem Quecksilberdruck von 0,00001 mm entspricht, was einer millionenfachen Verdünnung gleichkommt.

Wie sich die Luft verdünnen ließ, so vermochte man sie auch, im Gegensatz zu dem Verhalten, welches das Wasser zeigt, mit Leichtigkeit zusammenzudrücken. Diese Tatsache war schon im Altertum bekannt. Man hatte auch beobachtet, daß die zusammengepreßte Luft einen bedeutenden Gegendruck ausübt. Das hatte wiederum schon zwei Jahrhunderte vor Boyle zur Erfindung der Windbüchse geführt. Indes erst Boyle stellte sich die Aufgabe, den Zusammenhang zwischen Druck und Volumen auf experimentellem Wege zu erforschen. Das Ergebnis war auch hier wieder, wie bei den Fall- und Pendelversuchen und den akustischen Experimenten Galileis, die Auffindung einer in Zahlen auszudrückenden, ganz einfachen Beziehung, eines Naturgesetzes. Es sei vorausgeschickt, daß man sich unter den seit dem 17. Jahrhundert in immer größerer Zahl entdeckten Naturgesetzen nicht etwa ein dem natürlichen Geschehen von einem Weltenschöpfer aufgezwungenes Gesetz vorstellen darf. Die Naturgesetze sind vielmehr Begriffe, wenn auch nicht etwa wesenlose.[1]) Was sie, losgelöst von unserer Vorstellung, bedeuten,

---

[1]) Sie sind für uns wahr, insofern wir unter allen Umständen unser Verhalten nach ihnen einrichten können. Das trifft selbst für andere Geschöpfe zu. Wird doch ein Tier, das aus geringer Höhe auf den Boden herabspringen würde, instinktiv davon zurückgehalten, dies aus größerer

bleibt uns verborgen. Ferner sind sie, ganz abgesehen von dieser, auf unserem Erkenntnisvermögen beruhenden Schwierigkeit, nur innerhalb gewisser Grenzen gültig. Wir werden das sofort an dem nach Boyle genannten Gesetz, das die Beziehung zwischen dem Druck und dem Volumen eines Gases ausspricht, erkennen. Boyle schloß ein bestimmtes Volumen eines Gases, nehmen wir an 12 Kubikzoll Luft (deren Zusammensetzung aus mehreren Gasen man damals noch nicht kannte), in dem kürzeren Schenkel einer U-förmig gebogenen Röhre durch Quecksilber ab (Abb. 13). In dem Maße, wie das Quecksilber in den längeren, offenen Schenkel nachgegossen wurde, verringerte sich das Volumen der abgesperrten Luft. Bei einem Drucke von zwei Atmosphären nahm sie nur noch sechs Kubikzoll, bei drei Atmosphären vier Kubikzoll (ein Drittel des ursprünglichen Volumens) ein, oder, wie Boyle es aussprach, die Luft verdichtete sich im Verhältnis der zusammendrückenden Kräfte[1].

Je weiter wir ein Gas durch immer größeren Druck verdichten, um so mehr weicht sein Verhalten von dem Boyleschen Gesetze ab. Schließlich geht in vielen Fällen das Gas schon bei gewöhnlicher Temperatur, jedenfalls aber bei tieferen Temperaturen, in eine Flüssigkeit über, für die das Gesetz nicht mehr gilt. Letzteres setzt ein Gas voraus, das man wohl als ein „ideales" Gas bezeichnet.

Abb. 13.
Boyles Versuch.

Daß auch die von Galilei aufgestellten Gesetze für den Fall, den Wurf und die Pendelbewegung durch zahlreiche Umstände beeinflußt werden, haben wir schon oben gesehen. Wir erfuhren, daß die Wurfkurve aus verschiedenen Gründen keine genaue

---

Höhe zu tun. Zur Kenntnis der Naturgesetze können wir nur induktiv d. h. auf dem Wege der Erfahrung gelangen. Es handelt sich bei ihnen nicht etwa um Denknotwendigkeiten. Als in den siebziger Jahren eine angesehene Zeitschrift die Mitteilung brachte, daß die Schwerkraft aufgehoben werden könne, schenkten selbst wissenschaftlich gebildete Männer dieser Nachricht Glauben, bis es sich herausstellte, daß sich jemand einen schlechten Scherz gemacht hatte.

[1]) Dieses Grundgesetz der Mechanik der Gase wird auch wohl als das Mariottesche Gesetz bezeichnet, weil der Franzose Mariotte es selbständig, allerdings viel später als Boyle gefunden hat.

Parabel sein kann, daß das Gesetz von der Isochronie der Pendel-
schwingungen nur für kleine Ausschläge gilt usw.

Ein Mißverständnis wäre es, wenn man annehmen wollte, man
habe die Natur durch das Auffinden solcher Gesetze schon erklärt.
Im Grunde genommen sind wir dadurch doch nur zu einer genaueren Beschreibung der Naturvorgänge gelangt, während uns ihre
tieferen Ursachen verborgen bleiben, und zwar wohl für immer.

Wie mit den Naturgesetzen, so steht es mit Begriffen wie
Kraft und Materie. Der Glaube, daß sie eine restlose Erklärung
der Natur bedeuten, hat besonders im 19. Jahrhundert eine Lehre
aufkommen lassen, die man als materialistische Weltanschauung bezeichnet. Wer etwas tiefer, und besonders wer auf dem
hier gebotenen, historischen Wege in die Naturwissenschaft
eindringt, wird von der Haltlosigkeit dieser Lehre bald über-
zeugt sein. Eine Weltanschauung und noch weniger eine von
sittlichen (ethischen) Grundsätzen durchdrungene Lebensauffassung
kann sich nicht allein auf solchen Abstraktionen aufbauen.
Sie kann vor allem auch das Geistige nicht mit dem Wort abtun,
daß es nur eine Funktion der Materie sei, da umgekehrt Materie,
Kraft, Naturgesetze nur Begriffe bedeuten, durch die sich unser
Geist über die Umwelt orientiert.

Daß unserem Erkennen Grenzen gezogen sind, über die uns auch
der Weg des Experimentes nicht hinausgelangen läßt, hat der dich-
terische Genius eines Goethe einst in die bekannten Worte gekleidet:

> Ihr Instrumente freilich spottet mein
> Mit Rad und Kämmen, Walz' und Bügel.
> Ich stand am Tor, ihr solltet Schlüssel sein;
> Zwar euer Bart ist kraus, doch hebt ihr nicht die Riegel.
> Geheimnisvoll am lichten Tag
> Läßt sich Natur des letzten Schleiers nicht berauben,
> Und was sie deinem Geist nicht offenbaren mag,
> Das zwingst du ihr nicht ab mit Hebeln und mit Schrauben.

Es ist ein Grundzug Goetheschen Geistes, daß in ihm wie
kaum in einem anderen Dichter jene innige Verschmelzung von
Mensch und Natur nach einem Ausdruck ringt und ihn in Perlen
tiefster Weisheit und formvollendeter Schönheit findet.

Die Anwendung des experimentellen Verfahrens auf die übrigen Gebiete der Naturwissenschaft.

Unsere Schilderung zeigte, wie im 17. Jahrhundert das experimentelle Verfahren sämtliche Gebiete der Physik eroberte. Wie stand es damals, wird man fragen, mit den übrigen Gebieten der Naturwissenschaften, mit der Astronomie und mit Chemie, Botanik, Zoologie usw? Die Antwort lautet, sie erschlossen sich dem neuen Verfahren erst später, wenn es auch vereinzelt hier und da schon Eingang fand.

Zwar die Chemie beruhte auf einer besonders großen Anzahl von Versuchen. Es fehlte ihnen aber noch die logische Verknüpfung, die das Wesen des induktiven Verfahrens ausmacht. Die astronomische Wissenschaft stützt sich dagegen vorzugsweise auf Beobachtungen und Messungen. In ihr waltet das deduktive Verfahren vor. Mineralogie, Botanik und Zoologie waren damals noch beschreibende Naturwissenschaften. Das Experiment fand hier erst Eingang, nachdem es auf dem Boden der Physik und der Chemie erhebliche Fortschritte gezeitigt hatte. Ausnahmen gab es hier natürlich wie überall. So untersuchte der aus Schwaben stammende Jesuit Scheiner, der nach Keplers Angaben das erste astronomische Fernrohr anfertigte, das Organ des Sehens bei den Tieren und am Menschen, indem er das Auge nicht nur weit eingehender, als es bisher geschehen war, beschrieb, sondern indem er, um den Vorgang des Sehens zu erkunden, zahlreiche Versuche anstellte. Einer der wichtigsten, der sich leicht wiederholen läßt, sei hier geschildert. Scheiner entfernte die Häute an der hinteren Wand eines Ochsenauges bis auf die Netzhaut und brachte eine Kerze in einiger Entfernung vor dem so hergerichteten Auge an. Man erblickte dann von einem hinter dem Auge befindlichen Standpunkt das umgekehrte Bild der Kerzenflamme auf der Netzhaut. Später stellte Scheiner denselben Versuch mit dem gleichen Erfolge am menschlichen Auge an.

Galilei hatte einst die Erwartung geäußert, daß das von ihm auf dem Gebiete der Physik ins Leben gerufene Verfahren auch die übrigen Naturwissenschaften günstig beeinflussen werde. Das mag einige Mitglieder der Florentiner Akademie veranlaßt haben, gleichfalls physiologische, d. h. die lebenden Wesen betreffende Fragen durch Experimente zu erkunden. Unter diesen ist vor allem Borelli zu nennen, der die Grundsätze der Mechanik auf das Verhalten der Gliedmaßen anwenden lehrte. Vorgänge wie das Gehen, Laufen, Springen, Schwimmen, Fliegen wurden durch Borelli einer solch vortrefflichen Untersuchung unterzogen, daß seine Leistungen erst durch die physiologischen Arbeiten des 19. Jahrhunderts überholt wurden.

Ein anderes Mitglied der Akademie, Redi, suchte durch Experimente die Frage nach der seit Aristoteles die Gelehrten beschäftigenden Urzeugung zu entscheiden. Aristoteles ließ sogar Aale und Frösche von selbst aus dem Schlamm der Gewässer entstehen. Später sollten wenigstens die niederen Tiere, wie Ungeziefer, Maden usw., aus faulenden Stoffen hervorgehen. Diese Ansicht widerlegte Redi durch Versuche. So bewies er, daß die Maden sich aus Fliegeneiern bilden. Spannte er nämlich ein feines Netz über dem Verderben ausgesetztem Fleisch aus, so stellten sich keine Maden ein, weil das Netz die Fliegen an der Ablage von Eiern hinderte.

Einen der größten Erfolge zeitigte endlich das experimentelle, mit bewußter Abkehr von der Autorität der Alten Hand in Hand gehende Verfahren auf physiologischem Gebiete durch den Engländer Harvey, den Entdecker des Blutkreislaufes. Harvey bewies (um 1620) durch zahlreiche Beobachtungen und Versuche, daß das Blut vom Herzen in die Schlagadern getrieben wird und durch die Venen zum Herzen zurückfließt, so daß der Körper innerhalb einer bestimmten Zeit von der ganzen Masse des Blutes durchströmt wird.

Was endlich die Pflanzen anbetrifft, so hatte man zwar seit der ältesten Zeit eine Menge von Erfahrungen gesammelt, eine eigentliche experimentelle Forschung setzte auf diesem Gebiete indes erst gegen das Ende des 17. und besonders im 18. Jahrhundert ein, indem der messende Versuch auf die Vorgänge des pflanzlichen Lebens ausgedehnt wurde.

Schlußbetrachtungen.

So haben wir denn gesehen, wie im 17. Jahrhundert das experimentelle Verfahren auf zahlreichen Gebieten, sowie in allen Kulturländern zum Durchbruch kam. Die alsbald einsetzenden Erfolge ermutigten die Forscher, dies Verfahren immer weiter auszubauen und sich nicht wieder durch eine verstiegene Philosophie von dem als richtig erkannten Wege ablenken zu lassen. Am klarsten hat dies damals Francis Bacon zum Ausdruck gebracht, der, ohne selbst Naturforscher zu sein, doch eine Philosophie der Erfahrung schuf. Wir wollen daher diese Darstellung mit einigen Ausführungen schließen, in denen Bacon die Aufgaben der experimentellen Forschung und die von ihr zu erwartenden Erfolge treffend gekennzeichnet hat.

Alle Auffassungen der Sinne und des Verstandes geschehen nach der Natur des Menschen und nicht nach der Natur des Weltalls. Der menschliche Verstand gleicht „einem Spiegel mit unebener Fläche, der seine Natur mit den Strahlen der Gegenstände vermengt". Aber auch die Eigenart der einzelnen Menschen bedinge wieder eine besondere Auffassung. Ferner beeinflusse die so oft unzutreffende Benennung von Sachen und Vorgängen den Geist in merkwürdiger Weise, so daß „bloße Worte die Menschen zu zahllosen leeren Streitigkeiten und Erdichtungen verleiten". Der größte Anlaß zu Irrtümern rühre aber von den Täuschungen der Sinne her. Alles, was die Sinne erschüttere, werde über das gestellt, bei dem dies nicht unmittelbar der Fall sei, wenn auch letzteres das Wichtigere sein sollte. Darauf müsse man es z. B. zurückführen, daß die Natur der gewöhnlichen Luft fast unbekannt sei[1]). Die wahre Erklärung der Natur vollziehe sich durch passende Versuche, wobei die Sinne nur über den Versuch, der Versuch aber über die Natur das Urteil zu sprechen habe.

Ferner sei nicht nur die Zahl der Versuche zu vermehren, sondern es müsse durch eine neue Methode eine bestimmte Regel eingeführt werden. Ein unbestimmtes, sich selbst überlassenes Experimentieren sei ein reines Umhertappen. Es ver-

---

[1]) Bacon starb, lange bevor Guericke seine Versuche über den Luftdruck anstellte. Und mit der chemischen Zusammensetzung der Luft wurde man erst in der 2. Hälfte des 18. Jahrhunderts bekannt.

wirre die Menschen nur, anstatt sie zu belehren. Wenn aber die Naturforschung nach einer festen Regel, in Ordnung und Zusammenhang, voranschreite, so lasse sich Besseres für die Wissenschaft erhoffen.

Eine weitere Aufgabe der Naturwissenschaft besteht, wie Bacon hervorhebt, vor allem darin, das menschliche Leben mit neuen Erfindungen und Entdeckungen zu bereichern. In diesem Sinne hat er das Wort „Wissen ist Macht" gesprochen. Und daß dies Wort in seinem Vaterlande besonders gewürdigt wurde, ist eine der Ursachen gewesen, daß England, wie Bacon es einmal ausdrückt, seine natürliche Stellung in der Welt gewann. Möge dieses Wort auch unserem Lande dazu verhelfen, daß es seine natürliche Stellung, die ihm heute genommen ist, recht bald wieder gewinnt.